LAS ESTRELLAS DEL REINO ANIMAL

RIVETING READS

Riveting Reads es publicado por Black Rabbit Books
P.O. Box 227
Mankato, MN 56002

Los datos de catalogación en publicación están archivados
en la Biblioteca del Congreso.
ISBN 978-1-64582-784-9

Serie creada por John Bonnett Wexo
Escrito por Ann Elwood y Marjorie Betts Shaw

Créditos fotográficos

Cover: blickwinkel/Teigler (Alamy Images); Page 6: Upper Right, Royalty Free (Getty Images); Lower Left, Royalty Free (Getty Images); Page 7: Top, Royalty Free (Getty Images); Bottom, C.K. Lorenz (Science Source); Page 8: Royalty Free (Getty Images); Page 11: Upper Left, Royalty Free (Getty Images); Middle, Royalty Free (Getty Images); Page 12: Royalty Free (Getty Images); Pages 14–15: Stephen Dalton (Science Source); Page 17: Royalty Free (Alamy Images); Egg, Royalty Free (Getty Images); Page 19: George Holton (Science Source); Page 20: Royalty Free (Getty Images).

Créditos de arte

Todas las pinturas son de Richard Orr.

Impreso en China

EN LA PORTADA: Una rana cornuda de nariz larga. Estos asombrosos anfibios son campeones del camuflaje: se mezclan con el suelo del bosque. Cuando una presa pasa cerca, atacan rápidamente y se la tragan de un solo bocado.

CONTENIDO

Todos los animales tienen cualidades de estrella, con habilidades que les ayudan a sobrevivir. Pero algunos animales realizan hazañas que parecen espectaculares.

Parece que todos los animales de estas páginas están en una gran carrera, pero solo los humanos (y los animales entrenados) usan realmente su habilidad para correr en competencias. Los animales salvajes corren para escapar de un depredador, perseguir una presa o buscar alimento.

Algunos animales pueden correr rápido en distancias cortas. Otros son campeones de las largas distancias. Y algunos están tan bien protegidos y adaptados a su entorno que ¡ni siquiera necesitan correr!

Vas a leer sobre los animales más rápidos, los más grandes, los más pequeños y los más fuertes. Solo recuerda que todas estas asombrosas habilidades y características no son para lucirse: ayudan a estos animales a sobrevivir.

Los humanos suelen correr por diversión, para hacer ejercicio y para competir. Pero la persona más rápida del mundo es lenta en comparación con muchos animales. La velocidad máxima de un ser humano es de poco más de 27 millas (44 km) por hora. Aunque este récord eventualmente se romperá, los humanos nunca alcanzarán las velocidades de la liebre y el guepardo.

La tortuga gigante es uno de los animales que se mueven más lentamente en la Tierra. Su velocidad máxima es de menos de 0.25 millas (0.4 km) por hora. Pero ¿por qué tendría que correr? Como todas las tortugas terrestres, puede meter la cabeza y las patas dentro de su caparazón. Su mejor defensa es quedarse quieta como una roca.

Muchos depredadores quisieran comerse una liebre. Para evitar ser devorada, una liebre debe moverse muy rápido. Al usar los potentes músculos de sus patas, a menudo escapa de los depredadores zigzagueando en grandes saltos, a velocidades de hasta 40 millas (64 km) por hora.

No hay nada más rápido sobre dos patas que un avestruz. Esta gran ave no voladora puede correr a 35 millas (56 km) por hora sobre pastizales planos. La velocidad le ayuda a protegerse de leones y otros depredadores. Los avestruces necesitan correr rápido porque no pueden volar: sus alas son demasiado pequeñas y sus cuerpos demasiado pesados.

Para escapar de los depredadores y recorrer largas distancias en busca de alimento, los caballos salvajes son campeones de las carreras de larga distancia. Un caballo asiático llamado onagro puede correr a más de 30 millas (48 km) por hora. Puede seguir corriendo durante horas sin cansarse.

Sin patas, la serpiente mamba negra puede desplazarse arrastrándose sobre su vientre a una velocidad de entre 10 y 12 millas (16 a 19 km) por hora, probablemente más rápido de lo que tú puedes trotar. Es la serpiente terrestre más rápida del mundo.

El mamífero terrestre más rápido del mundo es el guepardo. Puede capturar a su presa corriendo a velocidades de hasta ***70 millas (112 km) por hora***, ¡más rápido que el límite de velocidad en muchas autopistas!

El zorro rojo tiene una velocidad de carrera promedio: alrededor de 26 millas (42 km) por hora. Pero su agilidad y resistencia como corredor le permiten desgastar a su presa y lanzarse sobre ella.

El cuerpo de cada animal es perfecto para su propio estilo de vida y hábitat. Los guepardos usan ráfagas de velocidad ultrarrápidas para alcanzar a su presa rápidamente. Los caballos salvajes tienen gran resistencia, por lo que pueden aguantar más que sus depredadores.

Una tortuga no necesita velocidad. No necesita perseguir su alimento, porque come plantas. No necesita huir corriendo, porque lleva consigo su caparazón protector. Pero no todas las tortugas son iguales. Las diferentes formas de caparazón les ayudan a sobrevivir en distintos entornos.

Las tortugas con caparazones abovedados comen plantas de crecimiento bajo. Algunas tortugas gigantes tienen caparazones ***en forma de silla de montar*** que se elevan en la parte frontal para permitir que la tortuga estire su largo cuello hacia arriba. Estas tortugas viven donde su alimento crece más alto y deben estirarse para alcanzarlo.

Una zancada larga ayuda a los animales a correr rápido. El secreto de la larga zancada del guepardo es su columna vertebral flexible. A medida que su columna se curva hacia arriba, las patas traseras del guepardo en realidad alcanzan a colocarse delante de sus patas delanteras. Para ver cómo funciona esto, dobla un limpiapipas hacia adelante y hacia atrás. Puedes acercar los extremos y luego volver a estirarlos porque el limpiapipas es flexible, igual que la columna vertebral del guepardo.

La forma en que se mueve una serpiente, al presionar sus costillas contra el suelo, no es muy rápida. Una vez que su presa empieza a huir, ni siquiera la serpiente más veloz puede alcanzarla. Pero cuando una serpiente sorprende a un animal, puede lanzarse hacia adelante para atacar más rápido de lo que el ojo puede ver.

Los avestruces están hechos para correr. Sus huesos son densos y fuertes, sus patas tienen una pisada firme y sus largas patas tienen músculos grandes. Su zancada larga les permite "volar" sobre las llanuras y el desierto.

Un caracol es mucho más lento que una tortuga. A un caracol terrestre le tomaría más de ocho días recorrer una milla. Si te movieras al paso de un caracol, te llevaría un minuto completo caminar 5 pulgadas (13 cm). Pero un caracol no necesita recorrer largas distancias. Todo lo que necesita está cerca.

Como todos los caballos, el onagro tiene una columna vertebral rígida. No puede doblarla y, por eso, no puede correr tan rápido como un guepardo. Pero gracias a sus largas patas, los caballos pueden correr distancias mayores sin detenerse que casi cualquier otro animal.

Es fácil ver por qué las patas largas ayudan a un animal a correr más rápido. Imagina dos palos de diferentes longitudes apoyados contra una pared con exactamente el mismo ángulo. Si estos fueran las patas de dos animales distintos, el animal con las patas más largas cubriría más terreno con cada zancada.

A medida que la columna vertebral del guepardo se endereza, sus patas se extienden hacia adelante y hacia atrás de su cuerpo. Con cada zancada, este elegante felino cubre mucho terreno. Aunque tiene patas mucho más cortas que las de un onagro, su zancada es en realidad más larga.

Gracias a sus largas y fuertes patas traseras, la liebre sorprende a los depredadores con saltos, gran velocidad y giros repentinos.

Intenta correr como una liebre. Traza dos recorridos de la misma longitud. Haz uno recto y el otro en zigzag. Cronometra tu tiempo o el de un amigo en ambos recorridos. ¿Ves cuánto más tiempo toma correr en zigzag? El depredador no sabe que la liebre va a zigzaguear, así que la liebre es más difícil de atrapar.

Los animales estrella de la natación y el vuelo tienen cuerpos aerodinámicos. Las formas estilizadas se mueven con mayor facilidad contra la fuerza del aire o del agua. Esto los hace más rápidos. Muchos inventos de científicos e ingenieros imitan diseños exitosos de la naturaleza.

Los animales que vuelan necesitan músculos fuertes y cuerpos livianos para mantenerse en lo alto. Usan sus músculos y alas poderosas para moverse rápido y permanecer volando.

Como el agua es flotante, los animales acuáticos pueden mantenerse a flote. Pero necesitan músculos fuertes para desplazarse rápidamente a través del agua. La mayoría de los animales nadadores tienen colas fuertes, aletas o patas palmeadas para impulsarse.

El ave fragata tiene una envergadura de 8 pies (2.4 m) y un cuerpo de 0.25 libras (0.1 kg) que le permite planear y deslizarse como una gran cometa, hasta alcanzar los 13,000 pies (3,962 m). Como un acróbata del aire, roban alimento a otras aves en pleno vuelo. A toda velocidad, pueden sacar peces del océano sin mojar sus plumas.

Los humanos no están diseñados para vivir en el agua. Nuestros cuerpos no son aerodinámicos y no tenemos características "incorporadas" para impulsarnos en el agua. El campeón olímpico nada a poco más de 5 millas (8 km) por hora. Pero los humanos son ingeniosos y a veces usan aletas de goma para nadar más rápido.

Un pingüino solo puede "volar" a través del agua. Es demasiado pesado para volar en el aire y no parece muy aerodinámico cuando está de pie en tierra. Pero en el agua, su forma es perfecta para nadar. Sus alas funcionan como poderosas paletas. Algunos pingüinos pueden nadar hasta cuatro veces más rápido que el humano más veloz.

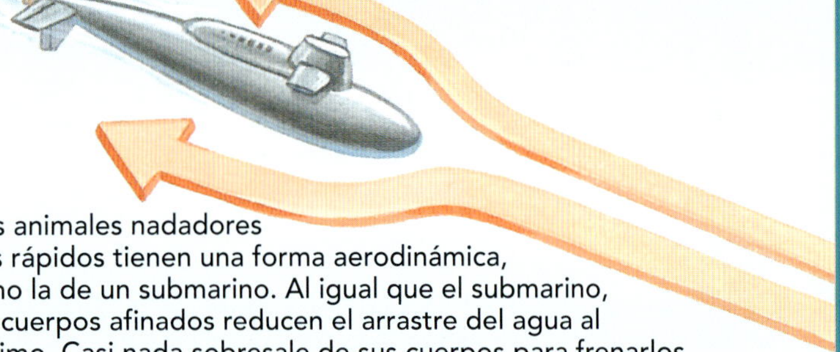

Los animales nadadores más rápidos tienen una forma aerodinámica, como la de un submarino. Al igual que el submarino, sus cuerpos afinados reducen el arrastre del agua al mínimo. Casi nada sobresale de sus cuerpos para frenarlos.

El halcón peregrino es un cazador eficiente y de gran velocidad. Captura a otras aves en pleno vuelo, sacándolas del aire y lanzándose en picada para atraparlas antes de que aterricen. En su persecución, el halcón se lanza directamente hacia la Tierra a casi ***200 millas (322 km) por hora***, con las alas recogidas hacia atrás como las de un transbordador espacial.

El pez vela es el pez más rápido del mundo y puede adelantar a la mayoría de los submarinos. En distancias cortas, se registró que un pez vela alcanzó 68 millas (109 km) por hora.

Cuando nada rápido, el pez vela baja su aleta dorsal. Con la aleta bajada, este nadador campeón se asemeja a un torpedo que corta el agua.

El pez vela recibe su nombre por su enorme aleta dorsal. Esta aleta le da equilibrio y dirección en el agua, como la quilla de una embarcación. Sin embargo, para nadar a alta velocidad, la aleta produciría demasiado arrastre del agua si el pez vela no pudiera bajarla, como se muestra a la derecha.

Las estrellas del cielo en el mundo animal vuelan más alto, se sumergen más profundo y viajan más lejos de lo que puedas imaginar. Recorren grandes distancias para buscar alimento, trasladarse a zonas de descanso, o regresar a sus áreas de reproducción.

Se ha registrado que los gansos de cabeza rayada han volado a más de 29,000 pies (8,839 m) durante su migración, lo que a veces los lleva a pasar justo por encima de la cima del monte Everest.

Una de las aves que vuela más alto en el mundo es el ganso de cabeza rayada de Asia. Estas aves se reproducen cerca de lagos altos en las montañas de Asia y cada año migran hacia el sur. Para llegar a sus zonas de invernada, deben volar sobre el Himalaya, la cadena montañosa más alta del mundo.

Las ballenas son las campeonas del buceo profundo entre los mamíferos. Las ballenas no pueden respirar bajo el agua, pero pueden almacenar grandes cantidades de oxígeno en sus músculos. Antes de bucear, el enorme cachalote puede almacenar suficiente oxígeno para contener la respiración durante dos horas. Esto le permite sumergirse casi 2 millas (3.2 km) de profundidad para atrapar su comida favorita: ¡calamares de unos 400 libras (181 kg)!

Algunas mariposas que parecen delicadas tienen una gran resistencia. Vuelan hacia el sur en otoño para escapar del frío y, en primavera, regresan volando hacia el norte para poner sus huevos. Sus viajes suelen llevarlas a sobrevolar cadenas montañosas, y las corrientes de aire las elevan hasta niveles de vuelo elevados. Cada año regresan a sus zonas originales de reproducción.

Los caribúes pasan gran parte de sus vidas en movimiento. En verano migran hacia las zonas de cría en el extremo norte de su hábitat ártico. En otoño, migran hacia el sur para pasar el invierno en los bosques árticos. Encuentran plantas para comer bajo la nieve, pero deben seguir desplazándose para encontrar suficiente alimento para manadas que pueden contar por miles.

El salmón chinook es un nadador de largas distancias. Después de pasar años en el mar, un salmón adulto recorre hasta 2,500 millas (792 km) o más para regresar a los mismos ríos de agua dulce donde nació. Guiado por su sentido del olfato, el salmón salta cascadas de hasta 10 pies (3 m) para volver a "casa" y poner sus huevos.

La mariposa monarca migra alrededor de 2,000 millas (3,219 km) en un solo sentido. Como a menudo viaja con el viento y ahorra energía, puede recorrer cerca de 600 millas (966 km) con una sola comida de néctar.

Ruta migratoria del charrán ártico

La mayor viajera de todas es el charrán ártico. Pasa sus veranos en el Ártico del norte, donde anida a la luz de hasta 24 horas de sol. Luego migra hacia el sur para pasar el invierno en la Antártida. En un solo viaje de ida y vuelta entre el Polo Norte y el Polo Sur, recorre cerca de 20,000 millas (32,187 km). A lo largo de una vida de 20 o 30 años, un charrán ártico puede recorrer hasta 500,000 millas (804,672 km).

Las superestrellas del salto tienen patas fuertes que funcionan como resortes. Sus patas traseras hacen el trabajo y a menudo son más largas que las patas delanteras. A veces también tienen patas traseras grandes que ayudan en el impulso y el aterrizaje.

Los animales que saltan no saltan solo por diversión. Saltan porque su vida depende de ello. Algunos saltan para capturar presas; otros, para evadir depredadores. Al saltar, los que viven en regiones desérticas, donde es difícil encontrar alimento, pueden cubrir fácilmente grandes extensiones de terreno.

No es fácil elegir a un campeón entre campeones, porque todos saltan de la manera que mejor les funciona. El canguro puede saltar más lejos, pero ¿acaso la pulga, por su tamaño, gana el premio?

Si pudieras saltar tan bien como una pulga, podrías saltar un edificio de 50 pisos de un solo salto.

Las pulgas y las chicharritas espumosas deben almacenar energía en sus músculos de salto para catapultarse en el aire. Los músculos de salto de una pulga se encuentran en las articulaciones de la cadera y de la rodilla de sus patas traseras. Los músculos que impulsan las patas traseras de la chicharrita espumosa se encuentran en su tórax y, por eso, son más potentes.

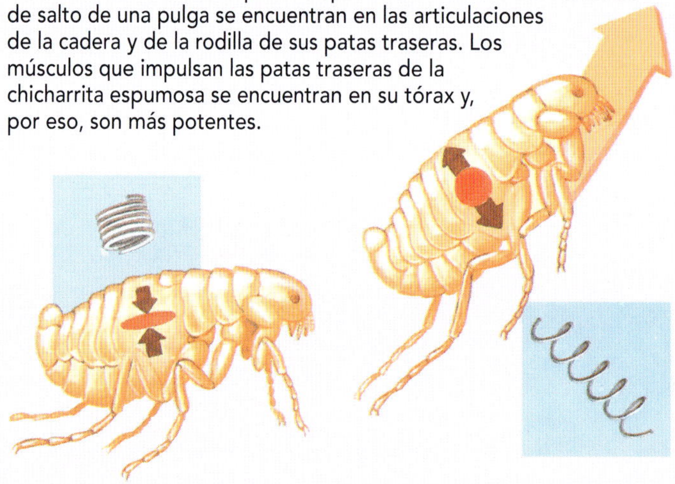

La araña saltadora se abalanza sobre su presa y, nueve de cada diez veces, cae justo en el objetivo. Los pelos adhesivos de sus patas evitan que resbale, y la disposición de sus ocho ojos —cuatro en fila en la parte frontal de la cabeza— le ayuda a ser precisa. A diferencia de muchos campeones del salto, las patas ***delanteras*** de la araña saltadora son las más largas. Sus patas traseras cortas realizan el salto, y las patas delanteras largas sujetan a la presa.

Si todos los animales que aparecen a la derecha participaran en un concurso de salto, sería difícil elegir al ganador. Pero el elefante sería un perdedor seguro. Con su cuerpo pesado y patas que apenas pueden doblarse, no puede saltar en absoluto. ¡Y no lo necesita!

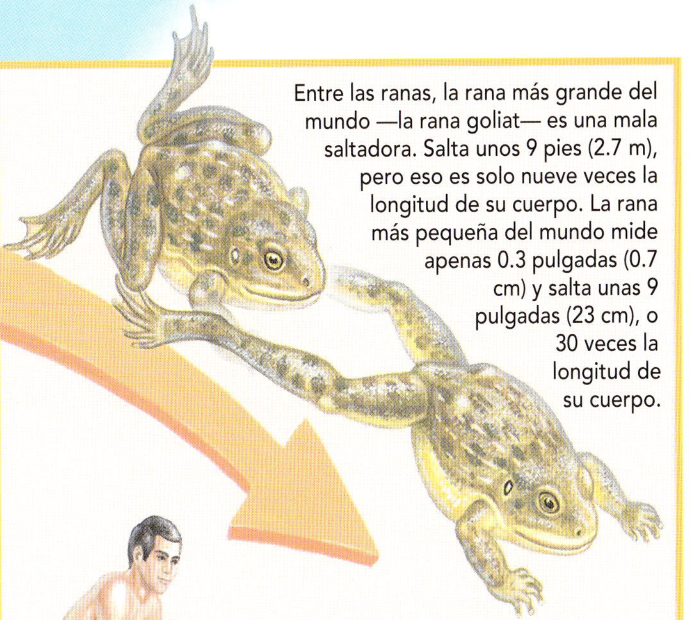

Entre las ranas, la rana más grande del mundo —la rana goliat— es una mala saltadora. Salta unos 9 pies (2.7 m), pero eso es solo nueve veces la longitud de su cuerpo. La rana más pequeña del mundo mide apenas 0.3 pulgadas (0.7 cm) y salta unas 9 pulgadas (23 cm), o 30 veces la longitud de su cuerpo.

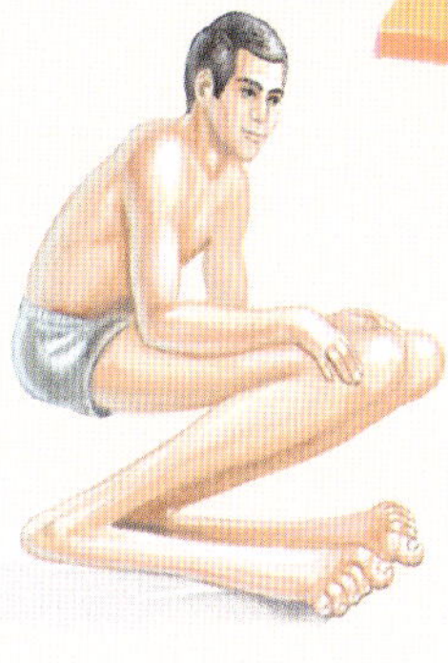

Imagina qué tan lejos podríamos saltar si tuviéramos patas como las ranas. Las ranas son grandes saltadoras porque tienen patas muy largas y musculosas. Además, sus patas se pliegan en forma de "Z" y funcionan como resortes que impulsan a la rana en el aire.

Pulgada por pulgada, la pulga sostuvo la "medalla de oro" como la saltadora más extraordinaria del mundo durante casi un siglo. Se lanza al aire con una fuerza 135 veces mayor que su peso corporal. El nuevo campeón, la chicharrita espumosa o salivazo, con 0.2 pulgadas (0.5 cm), es unas cuatro veces más grande que una pulga, salta más del doble de alto y se impulsa con una fuerza 400 veces mayor que su peso. La chicharrita espumosa tiene el nuevo récord, pero tanto la pulga como la chicharrita espumosa son estrellas del reino animal.

Puma, 45 pies (14 m): aproximadamente 7.5 veces la longitud de su cuerpo.

Humano, 29 pies, 4.5 pulgadas (9 m): aproximadamente 5 veces la estatura de un ser humano.

Impala, 35 pies, 7 pulgadas (11 m): aproximadamente 8 veces la longitud de su cuerpo.

Canguro gris, 44 pies (13 m): aproximadamente 7 veces la longitud de su cuerpo.

Saltamontes, 10 pulgadas (25 cm): aproximadamente 20 veces la longitud de su cuerpo.

Ratón saltador, 12 pies (3.7 m): aproximadamente 30 veces la longitud de su cuerpo.

Los basiliscos son estrellas al nadar, bucear y correr. Corren en tierra y ¡corren sobre el agua! Una superficie amplia en sus patas traseras evita que se hundan. Corren tan rápido (aproximadamente 7.5 millas [2.3 km] por hora) que sus patas apenas tocan el agua. Esta habilidad favorece su supervivencia, porque un corredor puede superar en distancia a un nadador.

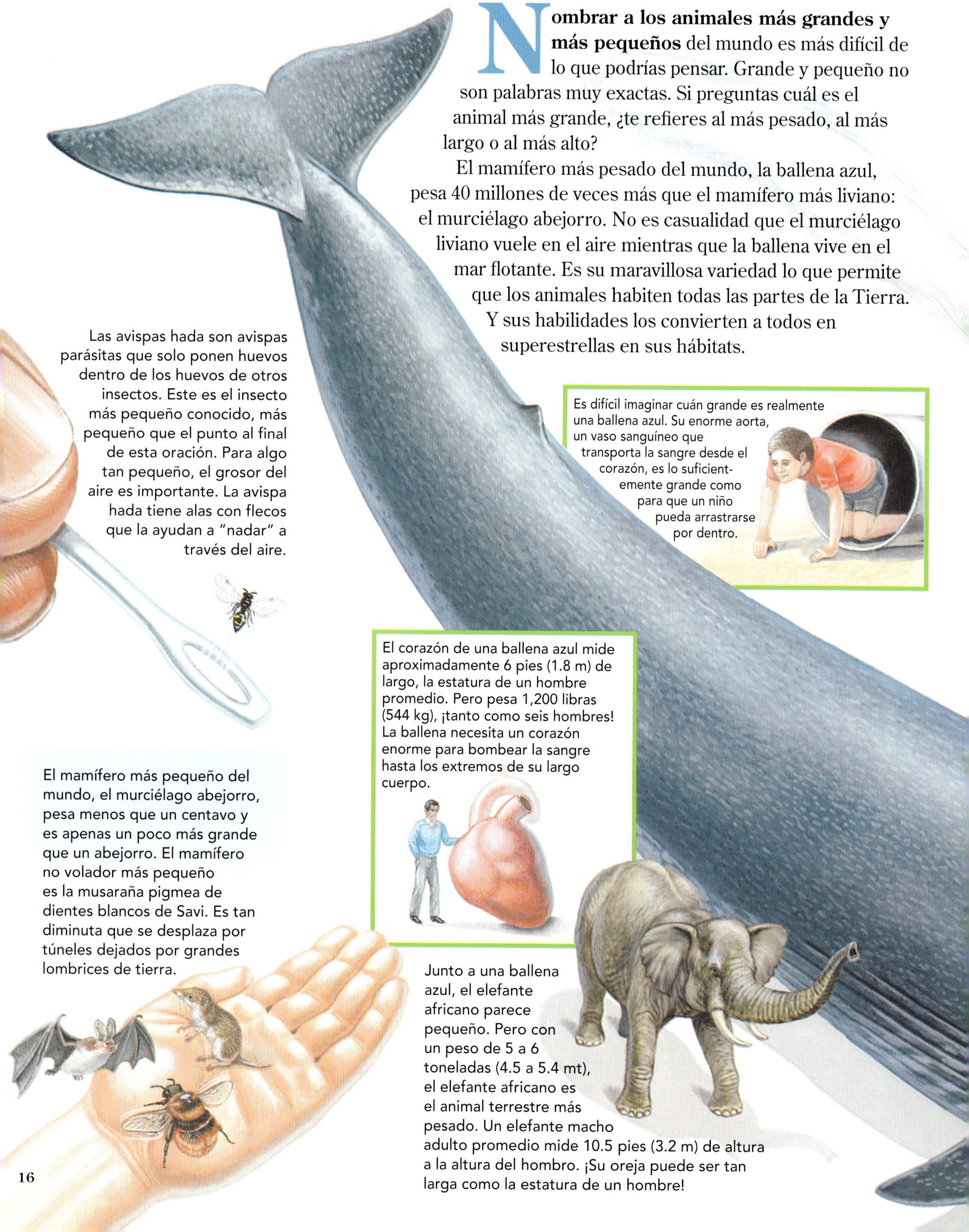

Nombrar a los animales más grandes y más pequeños del mundo es más difícil de lo que podrías pensar. Grande y pequeño no son palabras muy exactas. Si preguntas cuál es el animal más grande, ¿te refieres al más pesado, al más largo o al más alto?

El mamífero más pesado del mundo, la ballena azul, pesa 40 millones de veces más que el mamífero más liviano: el murciélago abejorro. No es casualidad que el murciélago liviano vuele en el aire mientras que la ballena vive en el mar flotante. Es su maravillosa variedad lo que permite que los animales habiten todas las partes de la Tierra. Y sus habilidades los convierten a todos en superestrellas en sus hábitats.

Las avispas hada son avispas parásitas que solo ponen huevos dentro de los huevos de otros insectos. Este es el insecto más pequeño conocido, más pequeño que el punto al final de esta oración. Para algo tan pequeño, el grosor del aire es importante. La avispa hada tiene alas con flecos que la ayudan a "nadar" a través del aire.

Es difícil imaginar cuán grande es realmente una ballena azul. Su enorme aorta, un vaso sanguíneo que transporta la sangre desde el corazón, es lo suficientemente grande como para que un niño pueda arrastrarse por dentro.

El corazón de una ballena azul mide aproximadamente 6 pies (1.8 m) de largo, la estatura de un hombre promedio. Pero pesa 1,200 libras (544 kg), ¡tanto como seis hombres! La ballena necesita un corazón enorme para bombear la sangre hasta los extremos de su largo cuerpo.

El mamífero más pequeño del mundo, el murciélago abejorro, pesa menos que un centavo y es apenas un poco más grande que un abejorro. El mamífero no volador más pequeño es la musaraña pigmea de dientes blancos de Savi. Es tan diminuta que se desplaza por túneles dejados por grandes lombrices de tierra.

Junto a una ballena azul, el elefante africano parece pequeño. Pero con un peso de 5 a 6 toneladas (4.5 a 5.4 mt), el elefante africano es el animal terrestre más pesado. Un elefante macho adulto promedio mide 10.5 pies (3.2 m) de altura a la altura del hombro. ¡Su oreja puede ser tan larga como la estatura de un hombre!

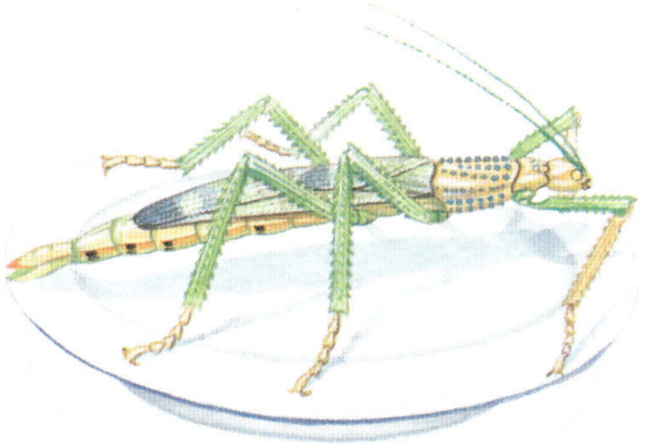

Con 13 pulgadas o más (33 cm), los insectos palo tropicales son los insectos más largos del mundo: ¡pueden abarcar un plato de cena! También pueden cambiar de color e imitar ramas y hojas. Durante el día, no se mueven para pasar desapercibidos.

El huevo más grande es el de avestruz. Pesa casi 4 libras (1.8 kg). ¡Se necesitarían dos docenas de huevos de gallina para igualar un huevo de avestruz! Un solo huevo de avestruz es tan grande que podría servir para ocho a diez personas. ¡El huevo es tan resistente que puede soportar a una persona de 280 libras (127 kg)!

La jirafa es el animal terrestre más alto. Muchas jirafas alcanzan una altura de más de 17 pies (5.2 m). ¡Eso es lo suficientemente alto como para mirar por una ventana del segundo piso!

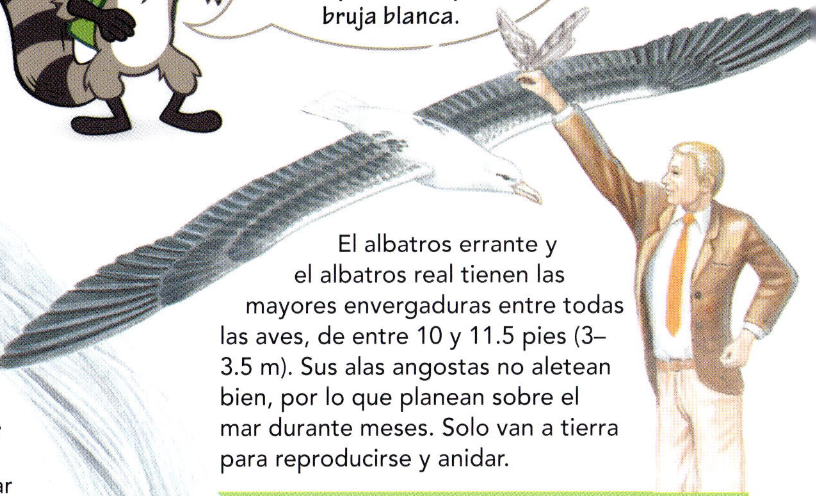

El albatros errante y el albatros real tienen las mayores envergaduras entre todas las aves, de entre 10 y 11.5 pies (3–3.5 m). Sus alas angostas no aletean bien, por lo que planean sobre el mar durante meses. Solo van a tierra para reproducirse y anidar.

El animal más grande que ha existido es la ballena azul. Este gigante apacible puede medir 100 pies (30 m) de largo y pesar 150 toneladas (136 mt), ¡tanto como 30 elefantes! Recorre todos los océanos, alimentándose de diminutos animales parecidos a camarones para sostener su enorme cuerpo. Las ballenas azules pueden vivir hasta 80 años.

El animal más largo del mundo es la medusa melena de león ártica gigante. Su umbrela puede medir 6 pies (1.8 m) de ancho, y arrastra hasta 1,000 tentáculos, cada uno de 120 a 130 pies (37–40 m) de largo. Esta medusa extiende sus tentáculos en un círculo de 5,000 pies cuadrados (465 m²) y se hunde para rodear y matar a su presa. En un segundo, los tentáculos pueden contraerse hasta medir solo 13 pies (4 m) de largo.

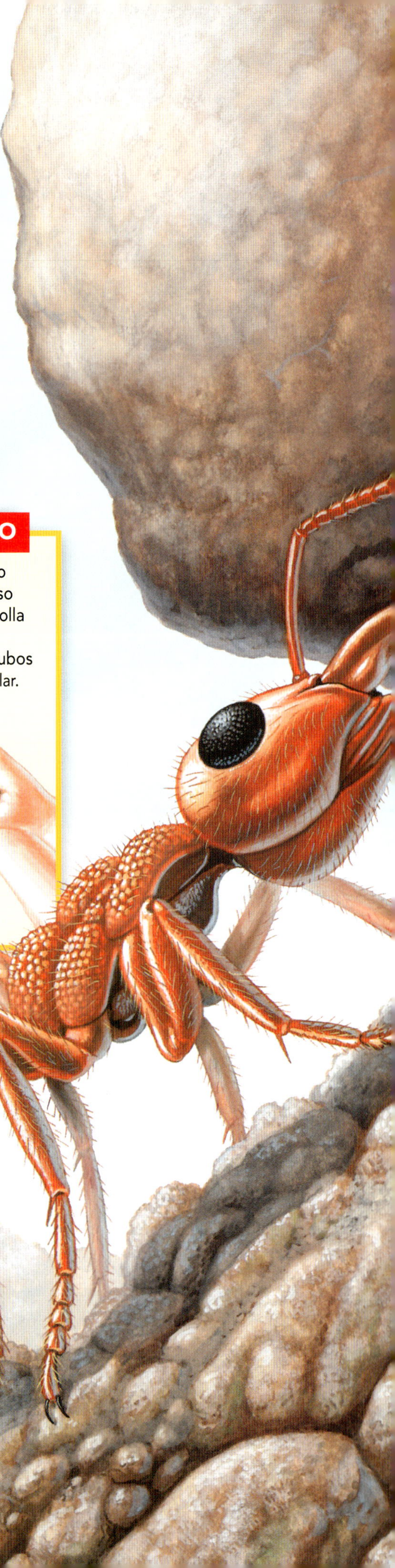

Los animales más fuertes no siempre son los más grandes. Es cierto, los animales más grandes del mundo, como las ballenas y los elefantes, pueden levantar y arrastrar pesos asombrosos. Pero ¿eso los convierte en los animales más fuertes? Por su tamaño, el animal más fuerte del mundo probablemente sea la hormiga. Puede levantar y transportar objetos muchas veces más grandes que su propio tamaño.

En la naturaleza, los animales hacen lo que es necesario para sobrevivir. Con el tiempo, cada uno ha adquirido las fuerzas necesarias para convertirlos en campeones en sus propios reinos.

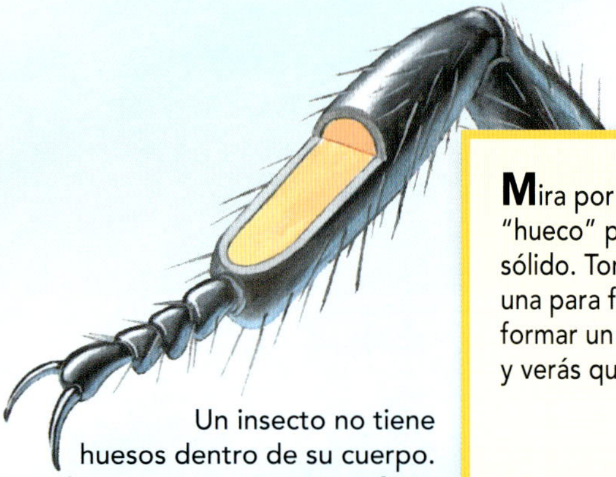

Un insecto no tiene huesos dentro de su cuerpo. En su lugar, tiene un ***exoesqueleto***, un esqueleto externo que recubre el ***exterior*** de su cuerpo. En relación con el tamaño de un animal, el recubrimiento exoesquelético de un insecto es más fuerte que el ***endoesqueleto*** sólido de un ser humano. Su exoesqueleto le permite a un insecto cargar grandes pesos.

MÍRALO POR TI MISMO

Mira por ti mismo cómo un esqueleto externo "hueco" puede ser más resistente que un hueso sólido. Toma dos hojas de papel idénticas. Enrolla una para formar un tubo sólido y la otra para formar un tubo hueco. Intenta doblar ambos tubos y verás que el tubo hueco es más difícil de doblar.

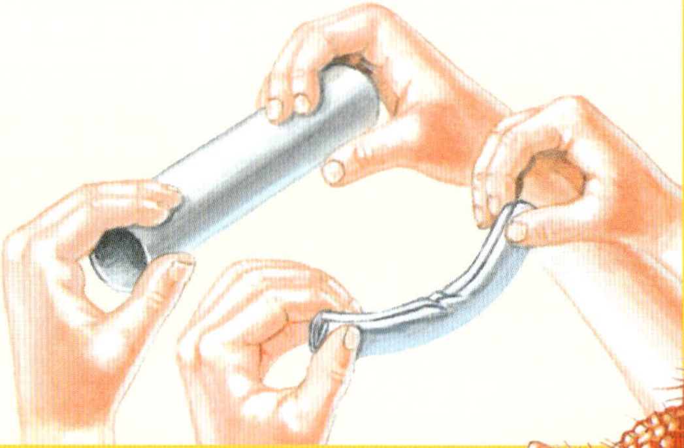

Con sus fuertes mandíbulas, una hormiga puede levantar una piedra 50 veces su propio peso y llevarla hasta la cima de un hormiguero. Si una persona tuviera esa fuerza, podría levantar un auto que pesa casi 4 toneladas (3.6 mt) ¡y subirlo cuesta arriba!

Ningún otro animal terrestre puede levantar tanto peso real como el elefante asiático. Puede levantar una tonelada de troncos con su trompa. Y puede ***arrastrar*** un montón de troncos de 10 toneladas (9 mt), que es el doble de su propio peso.

Debido a su enorme tamaño, la ballena azul es probablemente la criatura más poderosa de la Tierra. Una historia cuenta que una ballena azul una vez fue arponeada por pescadores a bordo de un bote a motor de 90 pies (27 m). Durante 7 horas, la ballena arponeada jaló el bote a través de 50 millas (80 km) de océano. Durante todo ese tiempo, el bote tiraba en contra de la ballena con los motores funcionando a toda velocidad ***en reversa***.

Algunos campeones humanos pueden levantar más de tres veces su peso corporal. Pero un chimpancé puede levantar ***seis veces su peso.*** Los chimpancés tienen cuerpos superiores más fuertes que los de los humanos. El simio con la mayor fuerza en la parte superior del cuerpo es el orangután. Se balancea de árbol en árbol, sosteniendo su peso corporal con los brazos.

Su tamaño y su fuerza por sí solos convierten a los elefantes en estrellas del reino animal, pero sus trompas son especialmente extraordinarias. Con 40,000 músculos, una trompa de elefante puede levantar un tronco de árbol o arrancar una brizna de pasto. Puede usarse como esnórquel bajo el agua o para darse una ducha, al aspirar en la trompa hasta 1 o 2 galones (3.8–7.6 L) de agua a la vez.

Elefantes africanos

Zooworks

Difundir la noticia de que los animales necesitan nuestra ayuda es algo que tú puedes hacer. ¡Una manera de dar a conocer el mensaje es compartiendo tus dibujos, poemas e historias!

Chloe Hues, 11 años

Lilly Bowers, 7 años

Some people think that flying fish can fly, but they are actually gliding. When they start to come down, their rudder-like tail lifts them up again.

Grayson Torrible, 8 años

Antonio DiSalvo, 10 años

Waiting for approaching food,
In a hungry type of mood.

Waiting, watching here and there,
Prey could be anywhere.

Now it is getting dark,
Not a sound just a wolf and a bark.

Then wiggle, wiggle—the spider has caught its dinner,
Another tasty web spinner!

Ashley Chavez, 8 años

Grady Kransteuber, 10 años

Harper Szary, 7 años

Corinne Kuykendall, 8 años

Kingston DiSalvo, 6 años

Maris Owen, 9 años

Glosario

aerodinámico — Diseñado o construido para facilitar el movimiento a través del agua o del aire.

arrastre — Una fuerza que desacelera un objeto en movimiento al oponerse a la dirección en la que se mueve.

campeón — Alguien o algo que ha ganado un concurso o competencia.

defensa — Una forma de resistir un ataque.

denso — Más pesado que la mayoría de las cosas del mismo tamaño.

en lo alto — En el aire.

entorno — Las condiciones que afectan el crecimiento, la salud y el progreso de algo.

flotante — Capaz de flotar.

hábitat — El lugar donde crece o vive una planta o un animal.

imitar — Crear la apariencia o el efecto de otra cosa.

migrar — Moverse de un lugar a otro.

resistencia — La capacidad de hacer algo difícil durante mucho tiempo.

Índice